BEI GRIN MACHT SICH IHR WISSEN BEZAHLT

- Wir veröffentlichen Ihre Hausarbeit, Bachelor- und Masterarbeit

- Ihr eigenes eBook und Buch - weltweit in allen wichtigen Shops

- Verdienen Sie an jedem Verkauf

Jetzt bei www.GRIN.com hochladen und kostenlos publizieren

GRIN

Bibliografische Information der Deutschen Nationalbibliothek:

Die Deutsche Bibliothek verzeichnet diese Publikation in der Deutschen National-
bibliografie; detaillierte bibliografische Daten sind im Internet über http://dnb.d-
nb.de/ abrufbar.

Impressum:

Copyright © 2019 GRIN Verlag
Druck und Bindung: Books on Demand GmbH, Norderstedt Germany
ISBN: 9783346140951

Michaela Seeberger

Das Fernsehverhalten in Abhängigkeit von Alter und Wohnort (Ost- / Westdeutschland)

GRIN Verlag

GRIN - Your knowledge has value

Der GRIN Verlag publiziert seit 1998 wissenschaftliche Arbeiten von Studenten, Hochschullehrern und anderen Akademikern als eBook und gedrucktes Buch. Die Verlagswebsite www.grin.com ist die ideale Plattform zur Veröffentlichung von Hausarbeiten, Abschlussarbeiten, wissenschaftlichen Aufsätzen, Dissertationen und Fachbüchern.

Besuchen Sie uns im Internet:

http://www.grin.com/

http://www.facebook.com/grincom

http://www.twitter.com/grin_com

FOM Hochschule für Ökonomie & Management Essen

Studienzentrum Nürnberg

Die Fernsehhäufigkeit und –Dauer
in Abhängigkeit von Alter und Wohnort (Ost- / Westdeutschland)

Michaela Seeberger

Inhaltsverzeichnis

Abbildungsverzeichnis

Tabellenverzeichnis

1 Einleitung

1.1 Fernsehverhalten als zentrales Forschungsthema

„Fernsehen ist Pop."[1] Diese Aussage verweist auf den Aspekt, dass Fernsehen nicht nur ein elektronisches Medium ist, sondern vielmehr eine Aktivität seiner Zuschauer. Fernsehen bringt Abwechslung und macht vor allem Spaß. Das Medium selbst, steht weniger im Fokus, als die Erlebnisqualität, die es vermittelt. Fernsehen ist eine geschätzte, kulturelle Aktivität, die sich im Rahmen der Populärkultur abspielt.[2] Fernsehunterhaltung ruft emotionales Wohlbefinden bei den Zuschauern, sowohl durch Spaß und Vergnügen, als auch durch Erholung und Lust hervor.[3] Es dient als eine Befreiung vom Alltagsstress und unterrichtet zugleich über die Geschehnisse der Welt. [4]

Die wissenschaftliche Auseinandersetzung mit dem Fernsehen ist in mehreren Disziplinen Untersuchungsgegenstand. Nicht nur die traditionelle Publizistik- und Kommunikationswissenschaft hat sich diesem Medium angenommen, sondern ebenso die Medienwissenschaft, die Psychologie, die Soziologie, sowie die Literatur- und die Kulturwissenschaft. Diese Wissenschaften beleuchten unterschiedliche Aspekte des Fernsehens. Die Resultate wurden allerdings kaum zusammengetragen, was Aufgabe einer eigenen Disziplin der Fernsehwissenschaft sein könnte.[5]

Auch diese Seminararbeit wird sich mit dem Thema Fernsehverhalten durch die Auswertung eines statistischen Verfahrens beschäftigen. Ausgewertet wird die Fernsehhäufigkeit und –Dauer in Abhängigkeit von Alter und Wohnort (Ost-/Westdeutschland). Grundlegend hierfür sind die Ergebnisse der wissenschaftlichen Studie ALLBUS 2018 des Leibniz-Instituts für Sozialwissenschaften, die im nächsten Unterkapitel näher erläutert wird.

---

[1] Mikos, L., Fernsehen im Erleben der Zuschauer, 1994, S.1
[2] Vgl. Mikos, L., Fernsehen im Erleben der Zuschauer, 1994, S.1
[3] Vgl. Dehm, U., Fernsehunterhaltung, 1984, S. 131
[4] Vgl. Mikos, L., Fernsehen im Erleben der Zuschauer, 1994, S.1
[5] Vgl. Mikos, L., FERN-SEHEN, 2001, S.11

1.2 Information über die verwendete Studie

Die vorliegende ALLBUS-Studie (Allgemeine Bevölkerungsumfrage der Sozialwissenschaften) wurde vom Leibniz-Institut für Sozialwissenschaften im Rahmen der Trenderhebung zur gesellschaftlichen Dauerbeobachtung von Einstellungen, Verhalten und sozialem Wandel in Deutschland im Zeitraum von April 2018 bis September 2018 erhoben. In regelmäßigen Abständen von zwei Jahren werden die Befragungen durchgeführt und ausgiebig dokumentiert. Die Schwerpunkte der Untersuchung waren für 2018 unter anderem die Wirtschaft, die Mediennutzung, die Politik, der Nationalstolz sowie der Rechtsextremismus.[6] Organisatorisch wird die ALLBUS-Studie von der Gesellschaft für Informationssysteme (GESIS) getragen. Die Umfrage lässt sich in die quantitative Statistik einordnen, da eine Vielzahl von Merkmalsträgern erfragt wurden. Das Untersuchungsgebiet der Studie ist die Bundesrepublik Deutschland. Die Grundgesamtheit der Befragung umfasst sowohl Deutsche als auch Ausländer, die zum Befragungszeitpunkt in Privathaushalten lebten und vor dem 01.01.2000 geboren sind.[7] Das Erhebungsverfahren beinhaltet persönlich-mündliche Befragungen mit dem standardisiertem Frageprogramm (CAPI – Computer Assisted Personal Interviewing) und zwei Zusatzbefragungen als CASI (Computer Assisted Self-Interviewing) im Rahmen des Splitverfahrens.[8] Die Daten der Studie beinhalten 708 Variablen und basieren auf 3.477 befragten Personen.[9] Diese Erhebung kann auf der Homepage von GESIS als SAV-Datei kostenlos heruntergeladen werden. Zusätzlich ist dort ein Variable Report verfügbar, der Allgemeines zur Umfrage und alle enthaltenen Variablen erläutert. Die Umfragedaten wurden zu einem Zeitpunkt in dem Variable Report beschrieben, als die Datenerhebung noch in Bearbeitung war, weswegen die Datengrundlage und der Variable Report voneinander abweichen.

Diese Seminararbeit verwendet die Ergebnisse der Datenerhebung der ALLBUS-Studie 2018 um herauszufinden in welchem Verhältnis die Dauer und Häufigkeit der Fernsehnutzung zu Alter und Wohnort der Befragten steht. Die interviewten Personen gaben hierbei die Häufigkeit von Fernsehen pro Woche und die Fernsehgesamtdauer pro Tag in Minuten an. Die Befragten der Studie lassen sich dazu in Kategorien einteilen wie z.B.

---

[6] Vgl. ALLBUS 2018 – Variable Report S. xix
[7] Vgl. ALLBUS 2018 – Variable Report S. xxiii
[8] Vgl. ALLBUS 2018 – Variable Report S. xxiii
[9] Vgl. ALLBUS 2018 – Variable Report S. xxiv

Geschlecht, Alter, Religion und Parteipräferenz. Die für die Forschungsaufgabe relevanten Merkmale werden in dieser Seminararbeit herausgefiltert und statistisch ausgewertet um die Aufgabenstellung zu beantworten. Zur Ausarbeitung und Analyse der ALLBUS-Daten wird das Statistik Programm RStudio benutzt. RStudio ist eine weltweit genutzte kostenlose Software, die anhand der Programmiersprache R verschiedene Statistikverfahren anwendet um Daten auszuwerten.[10]

2 Forschungsaufgaben und Hypothesen

2.1 Forschungsaufgaben und relevante Variablen

Diese Seminararbeit befasst sich mit der Fernsehhäufigkeit und –Dauer in Abhängigkeit von Alter und Wohnort (Ost-/Westdeutschland). Ausgehend von dieser Forschungsaufgabe werden zunächst die relevanten Variablen aus den Daten der ALLBUS-Studie 2018 analysiert.

Häufigkeit von Fernsehen pro Woche:

Code	Frage	Skala	Skalenniveau
lm01	An wie vielen Tagen sehen Sie im Allgemeinen in einer Woche - also an den 7 Tagen von Montag bis Sonntag - fern?	-9 Keine Angabe 0 Nie 0,5 Seltener 1 An 1 Tag in der Woche 2 An 2 Tagen in der Woche 3 An 3 Tagen in der Woche 4 An 4 Tagen in der Woche 5 An 5 Tagen in der Woche 6 An 6 Tagen in der Woche 7 An 7 Tagen in der Woche	Ordinal

Tabelle 1: Fernsehhäufigkeit

---

[10] Vgl. https://www.rstudio.com, [Stand 18.08.19]

4

Fernsehgesamtdauer pro Tag in Minuten:

Code	Frage	Ableitung der Daten
lm02	Wenn Sie einmal an die Tage denken, an denen Sie fernsehen: Wie lange - ich meine in Stunden und Minuten - sehen Sie da im Durchschnitt fern?	Die abgefragten Daten wurden in Minuten umgerechnet: Fernsehgesamtdauer = (Stunden x 60) + Minuten

Tabelle 2: Fernsehdauer

Alter der Befragten, kategorisiert:

Code	Wert	Ausprägung
agec	-32	Nicht generierbar
	1	18-29 Jahre
	2	30-44 Jahre
	3	45-59 Jahre
	4	60-74 Jahre
	5	75-89 Jahre
	6	über 89 Jahre

Tabelle 3: Altersgruppen

Erhebungsgebiet (Ost/West):

Code	Wert	Ausprägung
eastwest	1	ALTE BUNDESLAENDER
	2	NEUE BUNDESLAENDER

Tabelle 4: Wohnort

2.2 Hypothesen und Festlegung des Signifikanzniveaus

Nach der Betrachtung der Bestandteile der Forschungsaufgaben und der verfügbaren Variablen aus den Daten der ALLBUS-Studie 2018 werden im Folgenden vier Hypothesen aufgestellt.

Fernsehhäufigkeit in Abhängigkeit vom Wohnort:

Alternativhypothese:

H_a: Personen, die in den neuen Bundesländern wohnen, sehen häufiger Fernsehen pro Woche im Vergleich zu Personen, die in den alten Bundesländern wohnen

Nullhypothese:

H_0: Personen, die in den neuen Bundesländern wohnen, sehen seltener oder gleich oft Fernsehen pro Woche im Vergleich zu Personen, die in den alten Bundesländern wohnen

Fernsehhäufigkeit in Abhängigkeit vom Alter:

Alternativhypothese:

H_a: Personen, die 53 Jahre oder älter sind, sehen häufiger Fernsehen pro Woche im Vergleich zu Personen, die unter 53 Jahre alt sind

Nullhypothese:

H_0: Personen, die 53 Jahre oder älter sind, sehen seltener oder gleich oft Fernsehen pro Woche im Vergleich zu Personen, die unter 53 Jahre alt sind

Fernsehdauer in Abhängigkeit vom Wohnort:

Alternativhypothese:

H_a: Personen, die in den neuen Bundesländern wohnen, sehen länger Fernsehen pro Tag im Vergleich zu Personen, die in den alten Bundesländern wohnen

Nullhypothese:

H_0: Personen, die in den neuen Bundesländern wohnen sehen kürzer oder gleich lang Fernsehen pro Tag im Vergleich zu Personen, die in den alten Bundesländern wohnen

Fernsehdauer in Abhängigkeit vom Alter:

Alternativhypothese:

H_a: Personen, die 53 Jahre oder älter sind, sehen länger Fernsehen pro Tag im Vergleich zu Personen, die unter 53 Jahre alt sind

Nullhypothese:

H_0: Personen, die 53 Jahre oder älter sind, sehen kürzer oder gleich lang Fernsehen pro Tag im Vergleich Personen, die unter 53 Jahre alt sind

Festlegung des Signifikanzniveaus:

Das Signifikanzniveau wird auf 5% festgelegt. Ist die Wahrscheinlichkeit, dass das Ergebnis durch Zufall zustande gekommen ist größer als 5% wird die Alternativhypothese zurückgewiesen und die Nullhypothese beibehalten.

2.3 Fernsehhäufigkeit in der Woche

Zunächst wird die Variable lm01 Fernsehhäufigkeit in der Woche näher betrachtet.

Mit Darstellung der Häufigkeitsverteilung in absoluter, prozentualer und kumulierter Häufigkeit kann die Verteilung der gegebenen Antworten der Befragten erkannt werden.

Zu der Frage „An wie vielen Tagen sehen Sie im Allgemeinen in einer Woche - also an den 7 Tagen von Montag bis Sonntag - fern?" gaben alle 3.477 Befragten eine Antwort. Nie fern zu sehen, gaben 174 Befragte an. Lediglich 3,31%, also 108 Befragte gaben an, seltener als einmal in der Woche fern zu sehen. Einmal in der Woche sehen 115 Befragte fern. 202 befragte Personen sehen zweimal in der Woche fern. Dreimal in der Woche sehen 220 der Befragten fern. 226 Befragte sehen viermal in der Woche fern. 272 Befragte gaben an, fünfmal in der Woche fern zu sehen. Sechsmal in der Woche sehen 191 Befragte fern. Am häufigsten wurde die Antwortmöglichkeit sieben Mal in der Woche angegeben, und zwar von 1.969 Befragten. Das entspricht 56,63%.

```
> lm01 <- table(A18$lm01)
> prozent <- round(prop.table(lm01)*100,digits=2)
> prozent.kum <- cumsum(prozent)
> u1 = "absolut"
> u2 = "prozent"
> u3 = "prozent.kum"
> ueb = cbind(u1,u2,u3)
> fernsehhäufigkeit <-cbind(lm01,prozent,prozent.kum)
> tabelle.fernsehhäufigkeit <- rbind(ueb,fernsehhäufigkeit)
> tabelle.fernsehhäufigkeit
      u1        u2        u3
      "absolut" "prozent" "prozent.kum"
0     "174"     "5"       "5"
0.5   "108"     "3.11"    "8.11"
1     "115"     "3.31"    "11.42"
2     "202"     "5.81"    "17.23"
3     "220"     "6.33"    "23.56"
4     "226"     "6.5"     "30.06"
5     "272"     "7.82"    "37.88"
6     "191"     "5.49"    "43.37"
7     "1969"    "56.63"   "100"
```

Abbildung 1: Befehl und Tabelle - Fernsehhäufigkeit

```
> bargraph(~lm01, data=A18,
+          main="Darstellung der Fernsehhäufigkeit pro Woche",
+          ylab="Anzahl der Befragten (absolut)",
+          sub="Daten aus der Allbus-Studie 2018")
```

Abbildung 2: Befehl Balkendiagramm - Fernsehhäufigkeit

Darstellung der Fernsehhäufigkeit pro Woche

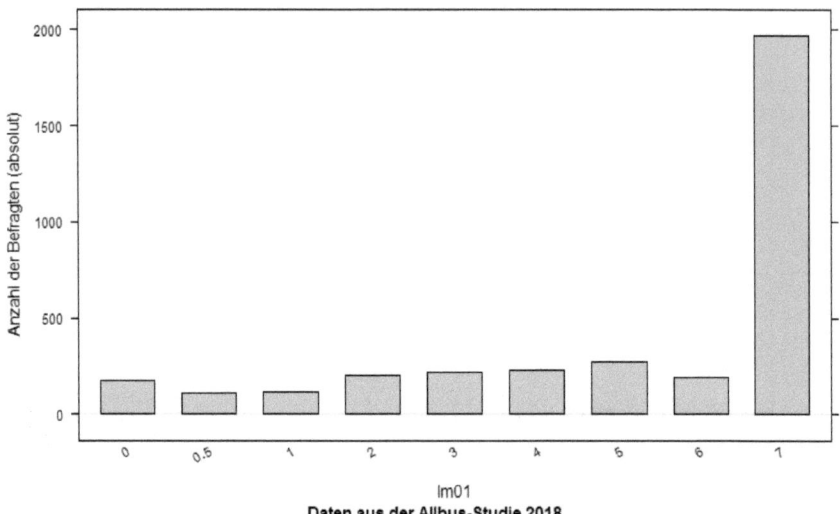

lm01
Daten aus der Allbus-Studie 2018

Abbildung 3: Balkendiagramm - Fernsehhäufigkeit

Dieses Balkendiagramm veranschaulicht bereits grafisch, dass die Antworten aus der Befragung der Fernsehhäufigkeit nicht normal verteilt sind. Um die Normalverteilungsannahme zu überprüfen, wird der Anderson-Darling-Test aus dem nortest-Paket durchgeführt. Dieser Test überprüft die Nullhypothese, dass die Daten der Variable lm01 einer Normalverteilung entsprechen. Wenn das Ergebnis dieses Tests nicht signifikant ist, kann von einer Normalverteilung ausgegangen werden.[11]

```
> ad.test(A18$lm01)

          Anderson-Darling normality test

data:  A18$lm01
A = 399.27, p-value < 0.00000000000000022
```

Abbildung 4: ad.test - Fernsehhäufigkeit

Der p-value von < 0,00000000000000022 ist das Prüfergebnis des Anderson-Darling-Tests. Da dieser Wert deutlich kleiner als das vorgegebene Signifikanzniveaus von p = 0,05 ist, gilt das Ergebnis des Tests als signifikant. Demnach ist die Variable lm01 nicht

---

[11] Vgl. Luhmann M., R für Einsteiger, 2015, S. 177

normalverteilt. Die Nullhypothese der Normalverteilungsannahme kann verworfen werden.

2.4 Fernsehdauer pro Tag

Als nächstes soll die zweite Variable lm02 inspiziert werden. Die von den Befragten angegebene Fernsehdauer pro Tag soll mittels eines Box-Whisker-Plots grafisch veranschaulicht werden. Das auch Box-Plot genannte Diagramm soll einen schnellen Eindruck vermitteln, in welchem Bereich die Daten liegen und wie sie sich insgesamt verteilen. Hierfür ist ein mindestens ordinalskaliertes Merkmal notwendig.[12]

```
> bwplot(~lm02, data=A18,
+           main="Darstellung der Fernsehdauer pro Tag",
+           xlab="Angabe in Minuten",
+           sub="Daten aus der Allbus-Studie 2018")
```

Abbildung 5: Befehl Box-Plot - Fernsehdauer

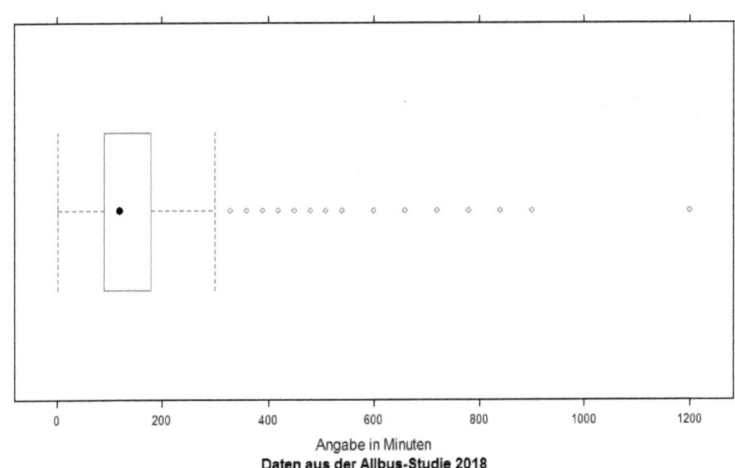

Abbildung 6: Box-Plot - Fernsehdauer

Das Rechteck wird als Box bezeichnet. Die linke Kante der Box entspricht dem ersten Quartil und die rechte Kante der Box dem dritten Quartil. Die Breite der Box entspricht daher genau dem Interquartilsabstand. Der Punkt in der Box stellt den Median da. Die

---

[12] Vgl. Bortz, J., Schuster, C., Statistik für Human- und Sozialwissenschaftler, 2010, S.44

gestrichelte horizontale Line links und rechts neben der Box bezeichnet man als Whisker. Die Enden der Whisker sind die Werte, die maximal 1,5-mal den Interquartilsabstand von der Box entfernt liegen. Die kleinen Kreise sind Extremwerte. Diese Ausreißer sind alle Werte, die mehr als 1,5-mal die Boxhöhe von der Box entfernt liegen.[13]

Nun sind die Daten der Variable lm02 Fernsehdauer pro Tag auf einer Normalverteilung zu prüfen. Auch hierbei wird der Anderson-Darling-Test aus dem nortest-Paket verwendet. Dieser Test überprüft die Nullhypothese, dass die Daten der Variable lm02 einer Normalverteilung entsprechen. Wenn das Ergebnis dieses Tests nicht signifikant ist, kann von einer Normalverteilung ausgegangen werden.[14]

```
> ad.test(A18$lm02)

        Anderson-Darling normality test

data:  A18$lm02
A = 113.55, p-value < 0.00000000000000022
```

Abbildung 7: ad.test - Fernsehdauer

Der p-value von < 0,00000000000000022 ist das Prüfergebnis des Anderson-Darling-Tests. Da dieser Wert deutlich kleiner als das vorgegebene Signifikanzniveaus von p = 0,05 ist, gilt das Ergebnis des Tests als signifikant. Demnach ist die Variable lm02 nicht normalverteilt. Die Nullhypothese der Normalverteilungsannahme kann somit auch für diese Variable verworfen werden.

---

[13] Vgl. Luhmann M., R für Einsteiger, 2015, S. 140
[14] Vgl. Luhmann M., R für Einsteiger, 2015, S. 177

3 Überprüfung der Hypothesen

3.1 Fernsehhäufigkeit in Abhängigkeit vom Wohnort

Mit der decribeBy-Funktion aus dem psych-Paket werden statistische Kennwerte für bestimmte Untergruppen ausgegeben. Nachfolgend wurde diese Funktion auf die Variable lm01 Fernsehhäufigkeit aufgeteilt auf die Untergruppen alte (Gruppe 1) und neue Bundesländer (Gruppe 2) angewendet.

```
> describeBy(A18$lm01,A18$eastwest)

Descriptive statistics by group
group: 1
     vars    n mean   sd median trimmed mad min max range  skew kurtosis   se
X1      1 2387 5.18 2.37      7    5.56   0   0   7     7 -0.96    -0.52 0.05
-----------------------------------------------------------------------------
group: 2
     vars    n mean   sd median trimmed mad min max range  skew kurtosis   se
X1      1 1090 5.55 2.27      7    6.02   0   0   7     7 -1.33     0.32 0.07
```

Abbildung 8: describeBy - Fernsehhäufigkeit & Wohnort

Folgende Werte sind hierbei zu erkennen:

Das n gibt die gültigen Fälle der Variable lm01 wieder. Von allen 3.477 gültigen Werten, fallen 2.387 auf die Gruppe 1, welche die Befragten aus den alten Bundesländern umfasst. 1090 dieser Werte fallen auf die Gruppe 2 und 1.090 auf die Gruppe 2, welche entsprechend die Befragten aus den neuen Bundesländern einschließt. Das arithmetische Mittel (mean) der erfragten Fernsehhäufigkeit bei den betrachteten Personen aus den neuen Bundesländern liegt bei 5,55 Tagen in der Woche. Dies übersteigt den Mittelwert der Befragten aus den alten Bundesländern um 0,37, der bei 5,18 Tagen in der Woche liegt. Die dem Mittelwert zugehörige Standardabweichung beträgt 2,37 und 2,27. Der Mittelwert wird durch Ausreißer stärker beeinflusst als der Median, der bei beiden Gruppen bei 7 liegt. Der Median ist der Wert, der die Daten in zwei Hälften teilt, sodass die eine Hälfte nur Daten enthält, die kleiner gleich dem Median sind, und die andere Hälfte nur Daten enthält, die größer gleich dem Median sind.[15] Der Median von 7 bei beiden Gruppen entspricht der Antwortmöglichkeit „An sieben Tagen in der Woche". Trimmed stellt das getrimmte arithmetische Mittel, ohne die 5% größten und die 5% kleinsten Fälle dar. Die nächste Spalte mad gibt die mittlere absolute Abweichung von den Mittelwerten wieder.

---

[15] Vgl. Luhmann M., R für Einsteiger, 2015, S. 107

Hierbei handelt es sich um ein robustes Dispersionsmaß, dass für beide Gruppen 0 ist. Der niedrigste Wert (min) ist 0, was bei dieser Variablen die Antwortmöglichkeit „Nie" bedeutet. Die höchste Antwortmöglichkeit ist 7, welche „An sieben Tagen in der Woche" ist. Die Range bestimmt die Spannweite zwischen dem Minimum und dem Maximum. Anhand der Schiefe und dem Exzess ist zu erkennen, ob normalverteilte Daten vorliegen. Die Schiefe (skew) beträgt für die Gruppe der alten Bundesländer -0,96 und für die neuen Bundesländer -1,33. Der Exzess (kurtosis) beträgt für die Gruppe der alten Bundesländer -0,52 und für die neuen Bundesländer 0,32. Der Standardfehler des Mittelwertes (se) ergibt sich aus der Standardabweichung dividiert durch die Wurzel aus der Stichprobengröße. Dieser beträgt für Westdeutschland 0,05 und für Ostdeutschland 0,07.

Wie bereits im Kapitel 2.3 Fernsehhäufigkeit in der Woche erläutert, sind die Daten der Variable lm 01 nicht normalverteilt. Deshalb sind die Voraussetzungen des t-Tests nicht erfüllt. Der Wilcoxon-Test ist eine nichtparametrische Alternative, zur Prüfung der Signifikanz.[16]

Durch den Wilcoxon-Test wird überprüft, ob sich zwei Stichproben in der mittleren Ausprägung einer bestimmten, mindestens ordinal skalierten Variablen, signifikant unterscheiden. Da es sich um einen nicht-parametrischen Test handelt, setzt er keine bestimmte Verteilung der Daten voraus und ist demnach geeignet um zu überprüfen, ob ein signifikanter Unterschied bei der Fernsehhäufigkeit in Abhängigkeit vom Wohnort gegeben ist. Die Voraussetzungen, dass die Gesamtstichprobe mindestens eine Anzahl von 20 aufweist und die kleinste Stichprobe eine Mindestanzahl von 4 umfasst, sind erfüllt.[17] Der Wilcoxon-Test untersucht, ob sich die empirisch gefundenen Mittelwerte in Höhe von 5,18 der alten Bundesländer und 5,55 der neuen Bundesländer systematisch voneinander unterscheiden. Durch dieses Testverfahren kann festgestellt werden, ob die beiden betrachteten Gruppen in der untersuchten Fernsehhäufigkeit einen Unterschied aufweisen oder nicht.[18] Die Nullhypothese folgt der Annahme, dass die Unterschiede der Mittel-

---

[16] Vgl. Luhmann M., R für Einsteiger, 2015, S. 264
[17] Vgl. Bortz, J., Schuster, C., Statistik für Human- und Sozialwissenschaftler, 2010, S.133
[18] Vgl. Rasch, B., Friese, M., Hofmann, W.J., Naumann, E., Quantitative Methoden, 2004, S.35

werte durch Zufall entstanden sind und dass die Stichprobe aus Populationen mit identischen Mittelwerten stammt. Der ermittelte P-Wert ist die Wahrscheinlichkeit, wie groß die Differenz beim Ziehen von Stichproben aus einer identischen Population ist.[19]

```
> wilcox.test(A18$lm01,A18$eastwest,paired=TRUE)

        wilcoxon signed rank test with continuity correction

data:  A18$lm01 and A18$eastwest
V = 5462559, p-value < 0.00000000000000022
alternative hypothesis: true location shift is not equal to 0
```

Abbildung 9: wilcox.test - Fernsehhäufigkeit & Wohnort

Der Wilcoxon-Test ergibt ein signifikantes Ergebnis von $p < 0{,}0001$ und ist somit deutlich kleiner als die vorgegebenen $p = 0{,}05$. Das heißt, dass Befragte aus den neuen Bundesländern und Befragte aus den alten Bundesländern sich signifikant im Sinne ihrer angegebenen Fernsehhäufigkeit unterscheiden. Die Nullhypothese kann somit zurückgewiesen und die Alternativhypothese beibehalten werden.

[19] Vgl. Rasch, B., Friese, M., Hofmann, W.J., Naumann, E., Quantitative Methoden, 2004, S.41

Durch die plotmeans-Funktion aus dem Paket gplots wird ein Fehlerbalken-Diagramm erzeugt, welches die Mittelwertunterschiede graphisch darstellt.

```
> plotmeans (A18$lm01~A18$eastwest,
+            main = "Fernsehhäufigkeit pro Woche in Abhängigkeit vom Wohnort",
+            ylab = "Tage in der Woche",
+            xlab = "Alte Bundesländer                    Neue Bundesländer")
```

Abbildung 10: Befehl Fehlerbalkendiagramm - Fernsehhäufigkeit & Wohnort

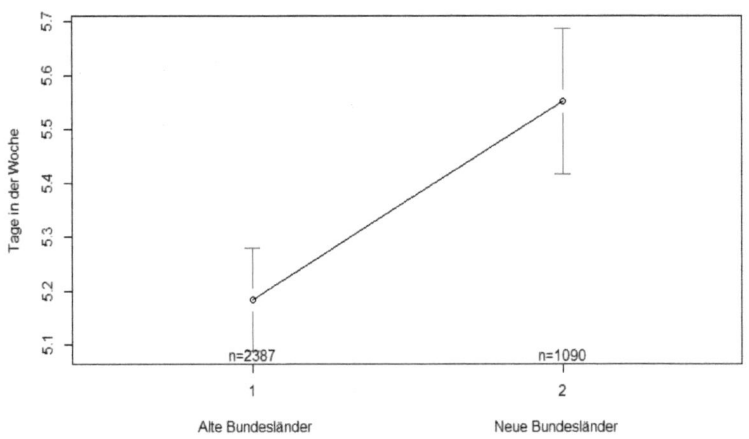

Abbildung 11: Fehlerbalkendiagramm - Fernsehhäufigkeit & Wohnort

Anhand dieses Diagramms ist deutlich zu erkennen, dass die Befragten aus den neuen Bundesländern häufiger fernsehen, als die Befragten aus den alten Bundesländern.

Auf Grund der Auswertungen in diesem Unterkapitel kann abschließend gesagt werden, dass die Nullhypothese verworfen und die Alternativhypothese endgültig beibehalten wird. Somit sehen Personen, die in den neuen Bundesländern wohnen, häufiger Fernsehen pro Woche als Personen, die in den alten Bundesländern wohnen.

3.2 Fernsehhäufigkeit in Abhängigkeit vom Alter

Zunächst wird die unabhängige Variable, das Alter der Befragten mit der describe-Funktion aus dem Hmisc-Paket näher betrachtet.

```
> describe(A18$age)
A18$age : ALTER: BEFRAGTE(R)   Format:F3.0
        n  missing distinct     Info    Mean      Gmd
     3472        5       77        1   51.68    20.28

lowest : 18 19 20 21 22, highest: 90 91 92 94 95
```

Abbildung 12: describe - Alter

Durch diese Funktion ist zu erkennen, dass die Daten 3.472 gültige Werte (n) enthalten. In der nächsten Spalte sind 5 ungültige Werte (missing) aufgelistet. Diejenigen fünf Befragten haben demnach kein Alter angegeben. Beide Werte zusammengezählt, ergeben die Gesamtanzahl der Befragten von 3.477. Dass zwischen dem jüngsten und dem ältesten Befragten 77 Jahre liegen, beschreibt die Spalte distinct. Das arithmetische Mittel der Befragten liegt bei 51,68 Jahren.

Für die weiteren Auswertungen wird der Mittelwert als Grundlage herangezogen, um die Befragten in zwei ungefähr gleichgroße Altersgruppen zu unterteilen. Die Gruppe 1 beinhaltet somit alle Befragten bis einschließlich 52 Jahre und die Gruppe 2 umfasst alle Personen, über 52 Jahre. Dies wird mit der recode-Funktion aus dem car-Paket erreicht.

Anschließend wird die describeBy-Funktion aus dem psych-Paket erneut auf die abhängige Variable lm01 Fernsehhäufigkeit, allerdings nun in Abhängigkeit auf die gebildeten Altersgruppen angewendet.

```
> agecc <- car::recode(A18$age,"18:52 = 1; 53:hi = 2")
> describeBy(A18$lm01,agecc)

 Descriptive statistics by group
group: 1
    vars    n mean   sd median trimmed  mad min max range skew kurtosis   se
X1     1 1734 4.52 2.57      5    4.77 2.97   0   7     7 -0.5    -1.26 0.06
------------------------------------------------------------------
group: 2
    vars    n mean   sd median trimmed  mad min max range  skew kurtosis   se
X1     1 1738 6.07 1.78      7    6.51    0   0   7     7 -1.94     2.73 0.04
```

Abbildung 13: describeBy - Fernsehhäufigkeit & Zwei Altersgruppen

Die gültigen Werte (n) sind ungefähr gleichmäßig auf die Gruppen aufgeteilt. Die Gruppe 1 umfasst diejenigen 1.734 Befragten, die bis zu 52 Jahre alt sind. Dagegen beinhaltet die Gruppe 2 die 1.738 Personen, die über 52 Jahre alt sind. Der Mittelwert (mean) ist in der

Gruppe, der jüngeren Personen mit 4,52 Tagen in der Woche deutlich geringer als der, der älteren Personen. Die Gruppe 2 weist ein höheres arithmetisches Mittel von 6,07 Tagen in der Woche auf. Die dem Mittelwert zugehörige Standardabweichung beträgt 2,57 und 1,78. Auch der Median der Gruppe, der älteren Personen ist mit 7 höher als der Median, der jüngeren Gruppe, welcher 5 beträgt. Die Bedeutung von trimmed, mad, min, max, range und se wurden bereits im vorherigen Unterkapitel erläutert, weswegen diese Werte an dieser Stelle nicht näher beschrieben werden. Auf die Werte der Schiefe und des Exzesses ist jedoch näher einzugehen. Für die jüngere Altersgruppe liegt der Wert der Schiefe (skew) bei -0,5 und der des Exzesses (kurtosis) bei -1,26, was auf eine Normalverteilung hindeutet. Für die ältere Altersgruppe jedoch liegt die Schiefe bei -1,94 was auf eine linksschiefe bzw. rechtssteile Verteilung hindeutet. Demnach liegt der Modalwert rechts vom Mittelwert. Da der Exzess der älteren Altersgruppe bei 2,73 liegt ist die Verteilung zudem schmalgipflig.[20]

Durch den Wilcoxon-Test wird überprüft, ob sich zwei Stichproben in der mittleren Ausprägung einer bestimmten, mindestens ordinal skalierten Variablen, signifikant unterscheiden. Da es sich um einen nicht-parametrischen Test handelt, setzt er keine bestimmte Verteilung der Daten voraus und ist demnach geeignet um zu überprüfen, ob ein signifikanter Unterschied bei der Fernsehhäufigkeit in Abhängigkeit von der definierten Altersgruppe gegeben ist. Die Voraussetzungen, dass die Gesamtstichprobe mindestens eine Anzahl von 20 aufweist und die kleinste Stichprobe eine Mindestanzahl von 4 umfasst, sind erfüllt.[21]

```
> wilcox.test(A18$lm01,agecc,paired = TRUE)

        Wilcoxon signed rank test with continuity correction

data:  A18$lm01 and agecc
V = 5446418, p-value < 0.00000000000000022
alternative hypothesis: true location shift is not equal to 0
```

Abbildung 14: wilcox.test - Fernsehhäufigkeit & Zwei Altersgruppen

Der Wilcoxon-Test wird durch die wilcox.test-Funktion aus dem stats-Paket ausgeführt. Ausgegeben wird die empirische Prüfgröße V und der p-Wert, der angibt ob sich die beiden Gruppen hinsichtlich ihrer zentralen Tendenz signifikant oder zufällig unterscheiden.

---

[20] Vgl. Luhmann M., R für Einsteiger, 2015, S. 111
[21] Vgl. Bortz, J., Schuster, C., Statistik für Human- und Sozialwissenschaftler, 2010, S.133

Der Test ergibt ein signifikantes Ergebnis von p < 0,001 und ist somit kleiner als die vorgegebenen p = 0,05. Folglich kann die Nullhypothese verworfen und die Alternativhypothese kann beibehalten werden.

Durch die plotmeans-Funktion aus dem Paket gplots wird ein Fehlerbalken-Diagramm erzeugt, welches die Mittelwertunterschiede graphisch darstellt.

Fernsehhäufigkeit pro Woche in Abhängigkeit vom Alter

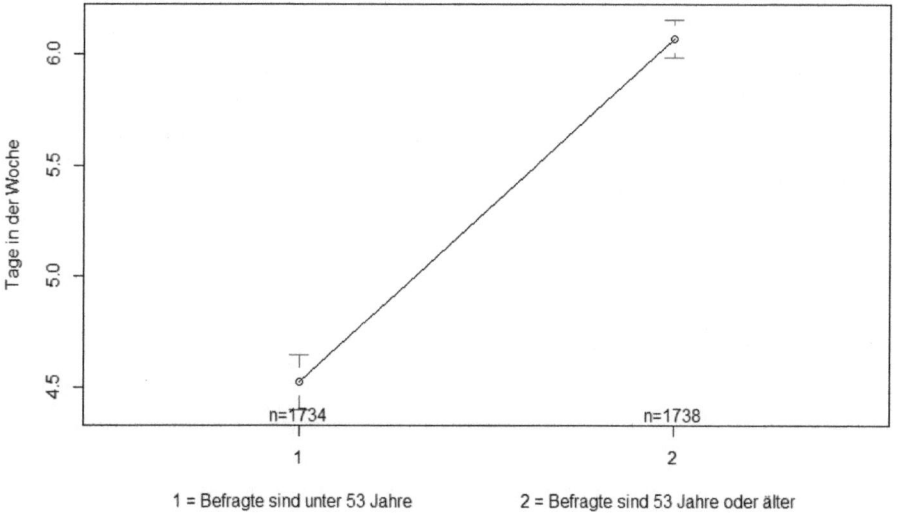

Abbildung 15: Fehlerbalkendiagramm - Fernsehhäufigkeit & Zwei Altersgruppen

Anhand dieses Diagramms ist deutlich zu erkennen, dass die Befragten, die 53 Jahre oder älter sind, häufiger in der Woche fernsehen, als die Befragten die unter 53 Jahre alt sind.

Auch bei der Untersuchung des Mittelwerts der im Kapitel 2.1. beschriebenen Alters-gruppen der ALLBUS-Studie 2018, ergibt sich ein vergleichbares Diagramm. Dieses ver-anschaulicht, dass ältere Personen häufiger in der Woche Fernsehen, als jüngere Perso-nen.

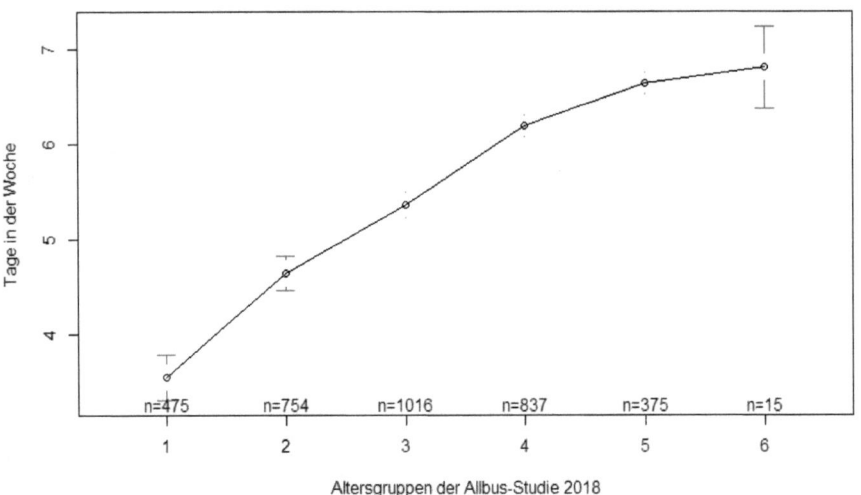

Fernsehhäufigkeit pro Woche in Abhängigkeit vom Alter

Abbildung 16: Fehlerbalkendiagramm - Fernsehhäufigkeit & Sechs Altersgruppen

Dieses Diagramm vermittelt den Eindruck, dass das Alter und die Variable der Fernseh-häufigkeit einen positiven Korrelationseffekt haben. Um diesen Zusammenhang zu über-prüfen, wird der Spearman-Test durch die cor.test-Funktion aus dem stats-Paket aufgeru-fen. Die Korrelationsanalyse misst die Stärke des linearen Zusammenhanges zwischen zwei Merkmalen. Zudem wird geprüft, ob dieser Zusammenhang statistisch signifikant ist. [22]

---

[22] Vgl. Sedlmeier, P., Renkewitz, F., Forschungsmethoden und Statistik, 2013, S. 213

```
> cor.test(A18$age,A18$lm01,method="spearman")

        Pearson's product-moment correlation

data:  x and y
t = 26.318, df = 3470, p-value < 0.00000000000000022
alternative hypothesis: true correlation is not equal to 0
95 percent confidence interval:
 0.3798083 0.4352778
sample estimates:
      cor
0.4079194
```

Abbildung 17: cor.test - Fernsehhäufigkeit & Alter

Wie aus der bisherigen Prüfung der Fernsehhäufigkeit in Abhängigkeit des Alters zu vermuten war, besteht tatsächlich ein Zusammenhang zwischen beiden Variablen. Das Prüfergebnis des Spearman-Tests beträgt 0,4079194, was als mittelstarker Zusammenhang zu beurteilen ist.[23] Demnach besteht ein positiver Korrelationszusammenhang zwischen dem Alter und der Fernsehhäufigkeit. Der Test ergibt ein signifikantes Ergebnis von $p < 0,001$ und ist somit kleiner als die vorgegebenen $p = 0,05$.

Auf Grundlage der Auswertungen in diesem Unterkapitel kann abschließend gesagt werden, dass die Nullhypothese verworfen und die Alternativhypothese endgültig beibehalten wird. Somit sehen Personen, die 53 Jahre oder älter sind, häufiger Fernsehen pro Woche als Personen, die unter 53 Jahre alt sind.

---

[23] Vgl. Sedlmeier, P., Renkewitz, F., Forschungsmethoden und Statistik, 2013, S. 213

3.3 Fernsehdauer in Abhängigkeit vom Wohnort

Nun wird die abhängige Variable lm02, welche die Fernsehdauer pro Tag angibt, näher betrachtet. Zunächst wird in Abhängigkeit vom Wohnort die describeBy-Funktion aus dem psych-Paket ausgeführt. Die statistischen Kennwerte werden jeweils für die Untergruppen der alten Bundesländer (Gruppe 1) und der neuen Bundesländer (Gruppe 2) ausgegeben.

```
> describeBy(A18$lm02,A18$eastwest)
Descriptive statistics by group
group: 1
     vars    n   mean    sd median trimmed    mad min max range skew kurtosis   se
X1      1 2257 134.62 85.98    120  124.32  88.96   1 840   839 2.35    10.63 1.81
-------------------------------------------------------------------------------------
group: 2
     vars    n   mean    sd median trimmed    mad min  max range skew kurtosis   se
X1      1 1027 161.42 102.18   120  148.59  88.96   1 1200  1199 2.82    17.33 3.19
```

Abbildung 18: describeBy - Fernsehdauer & Wohnort

Das n gibt die gültigen Fälle der Variable lm02 wieder. Von den 3.284 gültigen Werten, fallen 2.257 auf die Gruppe 1, welche die Befragten aus den alten Bundesländern umfasst und 1.027 auf die Gruppe 2, welche entsprechend die Befragten aus den der neuen Bundesländer einschließt. Das arithmetische Mittel (mean) der erfragten Fernsehdauer der Befragten aus den neuen Bundesländern liegt bei 161,42 Minuten pro Tag. Dies übersteigt den Mittelwert der Befragten aus den alten Bundesländern um 26,8 Minuten der bei 134,62 Minuten am Tag liegt. Die dem Mittelwert zugehörige Standardabweichung beträgt 85,98 und 102,18. Der Mittelwert wird durch Ausreißer stärker beeinflusst als der Median, der bei beiden Gruppen bei 120 liegt. Der Median von 120 entspricht bei beiden Gruppen der Antwortmöglichkeit „120 Minuten Fernsehdauer am Tag". Trimmed stellt das getrimmte arithmetische Mittel, ohne die 5% größten und die 5% kleinsten Fälle dar. Auch hierbei ist zu erkennen, dass der Wert der Gruppe 2 mit 148,59 den Wert der Gruppe 1 um 24,27 übersteigt. Die nächste Spalte mad gibt die mittlere absolute Abweichung von den Mittelwerten wieder. Hierbei handelt es sich um ein robustes Dispersionsmaß, das für beide Gruppen 88,96 ist. Der niedrigste Wert (min) ist 1, was bei dieser Variablen die Antwortmöglichkeit „1 Minute Fernsehdauer am Tag" bedeutet. Die höchste Fernsehdauer der jeweiligen Erhebungsgebiete lässt sich aus der Spalte max entnehmen. Der höchst genannte Wert liegt bei 1.200 Minuten, was einer Fernsehdauer am Tag von 20 Stunden entspricht. Das zählt definitiv zu den Ausreißerwerten. Auch die neuen Bundesländer weißen einen hohen Extremwert als Maximum mit 840 Minuten am Tag auf. Die

Range bestimmt die Spannweite zwischen dem Minimum und dem Maximum. Anhand von Schiefe und Excess ist festzustellen, dass es sich nicht um normalverteilte Daten handelt. Die Schiefe (skew) mit 2,35 der Daten der alten Bundesländer und 2,82 der Daten der neuen Bundesländer deutet auf eine rechtsschiefe bzw. linkssteile Verteilung beider Gruppen hin. Der Exzess (kurtosis) beträgt für die alten Bundesländer 10,63 und für die neuen Bundesländer 17,33, so dass auf eine stark schmalgipflige Verteilung beider Erhebungsgebiete zu schließen ist.[24] Der Standardfehler des Mittelwertes (se) ergibt sich aus der Standardabweichung dividiert durch die Wurzel aus der Stichprobengröße. Dieser beträgt für Westdeutschland 1,81 und für Ostdeutschland 3,19.

Auch für die Prüfung, ob ein signifikanter Unterschied der abhängigen Variablen der Fernsehdauer pro Tag lm02 in Abhängigkeit der unabhängigen Variablen des Erhebungsgebiets vorliegt, kann der Wilcoxon-Test angewandt werden. Die Voraussetzung, dass die Gesamtprobe mindestens eine Anzahl von 20 aufweist und die kleinste Stichprobe eine Mindestanzahl von 4 umfasst, sind erfüllt. Der nicht-parametrische Wilcoxon-Test überprüft, ob sich zwei Stichproben in der mittleren Ausprägung einer bestimmten mindestens ordinal skalierten Variablen signifikant unterscheiden.[25]

```
> wilcox.test(A18$lm02 ~ A18$eastwest)

        Wilcoxon rank sum test with continuity correction

data:  A18$lm02 by A18$eastwest
W = 947197, p-value < 0.00000000000000022
alternative hypothesis: true location shift is not equal to 0
```

Abbildung 19: wilcox.test - Fernsehdauer & Wohnort

Der Wilcoxon-Test wird durch die wilcox.test-Funktion aus dem stats-Paket ausgeführt. Ausgegeben wird die empirische Prüfgröße V und der p-Wert, der angibt ob sich die beiden Gruppen hinsichtlich ihrer zentralen Tendenz signifikant oder zufällig unterscheiden. Der Test ergibt ein signifikantes Ergebnis von $p < 0,001$ und ist somit kleiner als die vorgegebenen $p = 0,05$. Folglich kann die Nullhypothese verworfen werden und die Alternativhypothese kann beibehalten werden.

Um die Unterschiede der Mittelwerte graphisch darzustellen, wird ein gruppiertes Säulendiagramm durch die Funktion barplot aus dem graphics-Paket erzeugt. Hierfür müssen

---

[24] Vgl. Luhmann M., R für Einsteiger, 2015, S. 111
[25] Vgl. Bortz, J., Schuster, C., Statistik für Human- und Sozialwissenschaftler, 2010, S.133

zunächst die Mittelwerte mit der tapply-Funktion der alten und neuen Bundesländer gruppiert werden.

```
> tapply(A18$lm02, A18$eastwest, mean, na.rm = TRUE)
       1        2
134.6159 161.4226
```

Abbildung 20: tapply - Fernsehdauer & Wohnort

Im Anschluss kann das Säulendiagramm für die Mittelwerte der neuen und alten Bundesländer mit folgendem Befehl ausgegeben werden:

```
> barplot(tapply(A18$lm02, A18$eastwest, mean, na.rm = TRUE), ylim = c(0,200),
+       main = "Fernsehdauer pro Tag in Abhängigkeit vom Wohnort",
+       ylab="Angabe in Minuten",
+       xlab="Alte Bundesländer                    Neue Bundesländer",
+       sub="Daten aus der Allbus-Studie 2018")
```

Abbildung 21: Befehl Säulendiagramm - Fernsehdauer & Wohnort

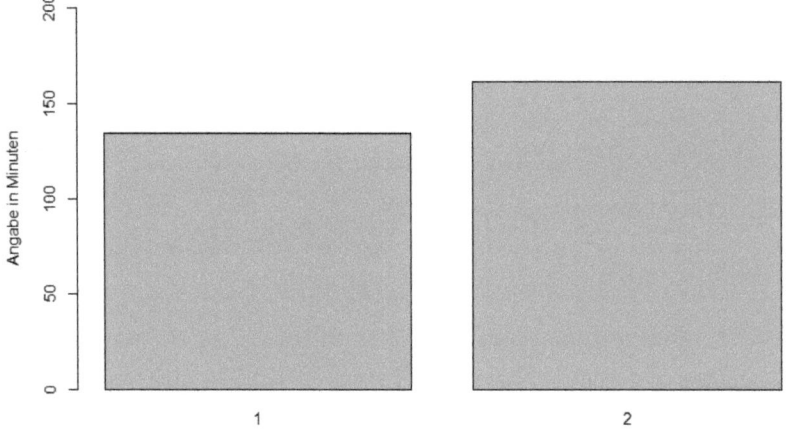

Abbildung 22: Säulendiagramm - Fernsehdauer & Wohnort

Auf Grund der Auswertungen in diesem Unterkapitel kann abschließend gesagt werden, dass die Nullhypothese verworfen und die Alternativhypothese, die besagt, dass Personen, die in den neuen Bundesländern wohnen, länger pro Tag Fernsehen im Vergleich zu Personen, die in den alten Bundesländern wohnen, endgültig beibehalten wird.

3.4 Fernsehdauer in Abhängigkeit vom Alter

Als letzte Hypothese wird die Fernsehdauer pro Tag im Verhältnis zum Alter der Befragten näher betrachtet. Auch hierbei wird die im Kapitel 4.2. erläuterte Altersgruppe, die mit der recode-Funktion aus dem car-Paket gebildet wird, beibehalten. Die Gruppe 1 beinhaltet alle Befragten bis einschließlich 52 Jahre und die Gruppe 2 umfasst die Personen, die über 52 Jahre alt sind. Im Anschluss werden die statistischen Kennwerte erneut mit der descirbeBy-Funktion aus dem psych-Paket ausgegeben.

```
> agecc <- car::recode(A18$age,"18:52=1; 53:hi=2")
> describeBy(A18$lm02,agecc)

Descriptive statistics by group
group: 1
      vars    n   mean     sd median trimmed   mad min max range skew kurtosis   se
X1       1 1581 119.18  76.17    120   110.2 88.96   1 900   899 2.64    15.39 1.92
-------------------------------------------------------------------------------------
group: 2
      vars    n   mean     sd median trimmed   mad min  max range skew kurtosis   se
X1       1 1699 165.13 100.06    150  152.85 44.48   5 1200  1195 2.55    13.64 2.43
```

Abbildung 23: describeBy - Fernsehdauer & Zwei Altersgruppen

Die gültigen Werte (n) sind etwa gleichmäßig auf beide Altersgruppen aufgeteilt. Die Gruppe 1 umfasst diejenigen 1.581 Befragten, die bis zu 52 Jahre alt sind. Dagegen beinhaltet die Gruppe 2 diejenigen 1.699 Personen, die über 52 Jahre alt sind. Der Mittelwert (mean) ist in der Gruppe, der jüngeren Personen mit 119,18 Minuten pro Tag deutlich geringer als der, der älteren Personen. Die Gruppe 2 weist ein höheres arithmetisches Mittel von 165,13 Minuten pro Tag auf. Die dem Mittelwert zugehörige Standardabweichung beträgt 76,17 und 100,06. Auch der Median der Gruppe, der älteren Personen ist mit 150 höher als der Median, der jüngeren Gruppe, welcher 120 beträgt. Die Bedeutung von trimmed, mad, min, max, range und se wurden bereits im vorherigen Unterkapitel erläutert, weswegen diese Werte an dieser Stelle nicht näher beschrieben werden. Die Schiefe (skew) in Höhe von 2,64 der Daten der jüngeren Befragten und 2,55 der Daten der älteren Befragten deutet auf eine rechtsschiefe bzw. linkssteile Verteilung beider Gruppen hin. Der Exzess (kurtosis) beträgt für die jüngeren Befragten 15,39 und für die älteren Befragten 13,64, so dass auf eine stark schmalgipflige Verteilung beider Altersgruppen zu schließen ist.[26]

---

[26] Vgl. Luhmann M., R für Einsteiger, 2015, S. 111

Auch für die Überprüfung ob ein signifikanter Unterschied der abhängigen Variablen der Fernsehdauer pro Tag lm02 in Abhängigkeit der unabhängigen Variablen des Alters vorliegt, kann der Wilcoxon-Test angewandt werden. Die Voraussetzungen, dass die Gesamtprobe mindestens eine Anzahl von 20 aufweist und die kleinste Stichprobe eine Mindestanzahl von 4 umfasst, sind erfüllt. Der nicht-parametrische Wilcoxon-Test überprüft, ob sich zwei Stichproben in der mittleren Ausprägung einer bestimmten mindestens ordinal skalierten Variable signifikant unterscheiden.[27]

```
> wilcox.test(A18$lm02,agecc,paired=TRUE)

        Wilcoxon signed rank test with continuity correction

data:  A18$lm02 and agecc
V = 5374281, p-value < 0.00000000000000022
alternative hypothesis: true location shift is not equal to 0
```

Abbildung 24: wilcox.test - Fernsehdauer & Zwei Altersgruppen

Der Wilcoxon-Test wird durch die wilcox.test-Funktion aus dem stats-Paket ausgeführt. Ausgegeben wird die empirische Prüfgröße V und der p-Wert, der angibt ob sich die beiden Altersgruppen hinsichtlich ihrer zentralen Tendenz signifikant oder zufällig unterscheiden. Der Wilcoxon-Test ergibt ein signifikantes Ergebnis von $p < 0,001$ und ist somit kleiner als die vorgegebenen $p = 0,05$. Folglich kann die Nullhypothese verworfen werden und die Alternativhypothese kann beibehalten werden.

Durch die plotmeans-Funktion aus dem Paket gplots wird ein Fehlerbalken-Diagramm erzeugt, welches die Mittelwertunterschiede der jüngeren und der älteren Befragten graphisch darstellt.

```
> plotmeans (A18$lm02~agecc,
+           main = "Fernsehdauer pro Tag in Abhängigkeit vom Alter",
+           ylab = "Angaben in Minuten",
+           xlab = "1 = Befragte sind unter 53 Jahre   2 = Befragte sind 53 Jahre oder älter"
```

Abbildung 25: Befehl Fehlerbalkendiagramm - Fernsehdauer & Zwei Altersgruppen

---

[27] Vgl. Bortz, J., Schuster, C., Statistik für Human- und Sozialwissenschaftler, 2010, S.133

Fernsehdauer pro Tag in Abhängigkeit vom Alter

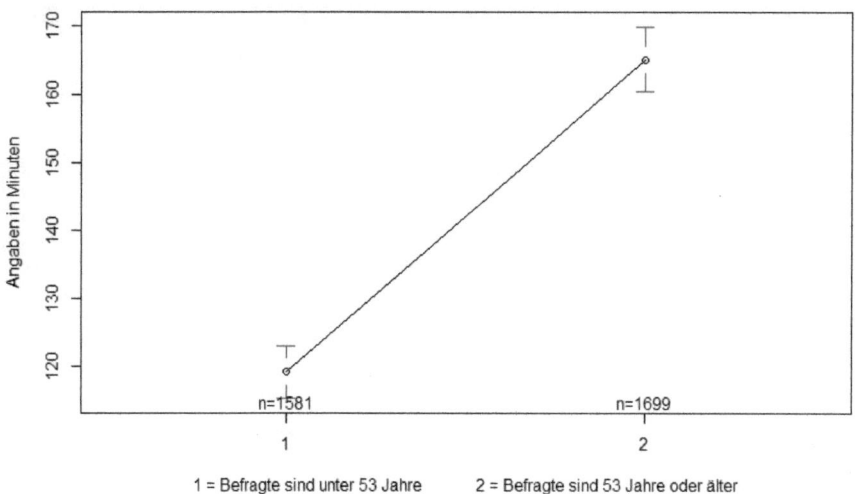

1 = Befragte sind unter 53 Jahre   2 = Befragte sind 53 Jahre oder älter

Abbildung 26: Fehlerbalkendiagramm - Fernsehdauer & Zwei Altersgruppen

Anhand dieses Diagramms ist deutlich zu erkennen, dass die Befragten, die 53 Jahre oder älter sind, länger pro Tag fernsehen, als die Befragten die unter 53 Jahre alt sind.

Um zu prüfen, ob auch die Variable lm02 Fernsehdauer pro Tag und das Alter einen Korrelationseffekt haben, wird der Spearman-Test durch die cor.test-Funktion aus dem stats-Paket angewendet. Die Korrelationsanalyse misst die Stärke des linearen Zusammenhanges zwischen zwei Merkmalen. Zudem wird geprüft, ob dieser Zusammenhang statistisch signifikant ist. [28]

```
> cor.test(A18$age,A18$lm02,methode="spearman")

        Pearson's product-moment correlation

data:  x and y
t = 16.367, df = 3278, p-value < 0.00000000000000022
alternative hypothesis: true correlation is not equal to 0
95 percent confidence interval:
 0.2429143 0.3061984
sample estimates:
      cor
0.274854
```

Abbildung 27: cor.test - Fernsehdauer & Alter

---

[28] Vgl. Sedlmeier, P., Renkewitz, F., Forschungsmethoden und Statistik, 2013, S. 213

Der Spearman-Test ergibt, dass ein Zusammenhang zwischen der Variablen der Fernseh-dauer pro Tag und dem Alter besteht. Das Prüfergebnis des Spearman-Tests beträgt 0,274854, was als schwacher Zusammenhang zu beurteilen ist.[29] Demnach besteht ein positiver Korrelationszusammenhang zwischen dem Alter und der Fernsehdauer. Der Test ergibt ein signifikantes Ergebnis von $p < 0,001$ und ist somit kleiner als die vorge-gebenen $p = 0,05$.

Auf Grund der Auswertungen in diesem Unterkapitel kann abschließend gesagt werden, dass die Nullhypothese verworfen und die Alternativhypothese, die besagt, dass Perso-nen, die 53 Jahre oder älter sind, länger pro Tag fernsehen im Vergleich zu Personen, die unter 53 Jahre alt sind, endgültig beibehalten wird.

---

[29] Vgl. Sedlmeier, P., Renkewitz, F., Forschungsmethoden und Statistik, 2013, S. 213

4 Fazit

Trotz der anhaltenden und bisher beispiellosen Erfolgsgeschichte des Fernsehens ist das noch relativ junge Medium bereits etwas altertümlich geworden. Seit der rasanten Ausbreitung von Computern und insbesondere seit der Mitte der neunziger Jahre begonnenen explosionsartigen Ausbreitung des Internets häufen sich die kritischen Fragen, ob dieses Medium in einer Online-Welt überhaupt noch attraktiv ist. [30] Daher gehend ist es nicht überraschend, dass die Alternativhypothesen zum Thema der Fernsehhäufigkeit und – Dauer bestätigt werden konnten. Das Ziel dieser Seminararbeit war, die aufgestellten Hypothesen durch die statistische Datenanalyse auszuwerten und zu überprüfen. Die Analyse hat ergeben, dass alle Nullhypothesen verworfen und alle Alternativhypothesen beibehalten wurden. Demnach sehen Personen, die 53 Jahre oder älter sind häufiger und länger Fernsehen, als Personen, die unter 53 Jahre alt sind. Zudem sehen Personen, die in den neuen Bundesländern wohnen häufiger und länger Fernsehen, als Personen, die in den alten Bundesländern wohnen.

Für weitere Analysen könnten im nächsten Schritt Umfragen zur Nutzung von Online-Streamingdienste durchgeführt werden, die womöglich zu einem entgegengesetzten Ergebnis in Abhängigkeit vom Wohnort und Alter führen könnten. Die allgemeine Bevölkerungsumfrage der Sozialwissenschaften ermöglicht Theorien und Hypothesen zu analysieren. Dadurch können Wandlungen innerhalb der Gesellschaft im Hinblick auf zahlreiche Themen nachvollzogen werden. Kombiniert mit der Statistiksoftware R können hierfür signifikante Ergebnisse erzielt und graphisch dargestellt werden.

---

[30] Vgl. Hasebrink, U., Fernsehen in neuen Medienumgebungen, 2001, S.9

Anhang

5 Literaturverzeichnis

Bortz, J., & Schuster, C. (2010). *Statistik für Human- und Sozialwissenschaftler, 7.Aufl.* Heidelberg: Springer Verlag Berlin Heidelberg.

Dehm, U. (1984). *Fernsehunterhaltung. Zeitvertreib, Flucht oder Zwang? Eine sozialpsychologische Studie zum Fernseherleben.* Mainz : Hase und Koehler.

GESIS. (2019). *ALLBUS 2018 – Variable Report.* Köln: GESIS – Leibniz-Institut für Sozialwissenschaften.

Hasebrink, U. (2001). *Fernsehen in neuen Medienumgebungen - Befunde und Prognosen zur Zukunft der Fernsehnutzung.* Berlin: VISTAS Verlag GmbH.

Mikos, L. (1994). *Fernsehen im Erleben der Zuschauer: vom lustvollen Umgang mit einem populären Medium.* Berlin - München: Quintessenz Verlags-GmbH.

Mikos, L. (2001). *Fern-Sehen: Bausteine zu einer Rezeptionsästhetik des Fernsehens.* Berlin: VISTAS Verlag GmbH.

Rasch, B., Friese, M., Hofmann, W. J., & Naumann, E. (2004). *Quantitative Methoden 1. Einführung in die Statistik für Psychologen und Sozialwissenschaftler.* Heidelberg: Springer Verlag Berlin Heidelberg.

Sedlmeier, P., & Renkewitz, F. (2013). *Forschungsmethoden und Statistik.* Hallbergmoos: Pearson Deutschland GmbH.